KEMISK ELEMENT

Det periodiske system

De næsten uendelige genstande og materialer omkring os er faktisk består af et begrænset antal grundstoffer . Vi ved i dag , at 91 findes naturligt på Jorden. De begynder med brint, som blev dannet kort efter universet opstod . De øvrige 90 blev fremstillet enten ved nukleare reaktioner, der finder sted i kernen af brændende stjerner eller af de katastrofale eksplosioner kaldet supernovaer , som er undertiden fremstillet , når stjerner dør . Adskillige flere elementer er lavet kunstigt i laboratorierne .

Hvert element opfører sig forskelligt og har forskellige egenskaber fra alle de andre. Et system til at organisere information om de kemiske egenskaber af de elementer og de kemiske forbindelser , de danner er afgørende. Den moderne periodiske system er primært baseret på arbejdet i den russiske kemiker Dmitry Mendeleyev hvis tabel offentliggjort i 1869 placeret elementerne i de vandrette rækker efter deres vægt med én række under den anden, så at alle elementer med lignende egenskaber faldt i lodrette kolonner . I det 20. århundrede med viden om strukturen af atomet , blev den korrekte måde at bestille de elementer opdaget og den nuværende periodiske system blev formuleret .

Atomer består af protoner , neutroner og elektroner er grundlæggende elementer i elementerne. Engelske fysiker Henry Moseley vist, at hvad der bestemmer opførslen af hvert element er dets atomnummer , antallet af protoner i sin kerne , ikke dens atomvægt , der er et mål for det samlede antal protoner og neutroner i kernen. Den korrekte måde at bestille elementerne i det periodiske system var derfor ved deres atomnummer . Selvom atomer i en given element har samme antal protoner , de kan have forskelligt antal neutroner . Disse kaldes isotoper og deres eksistens forklarer, hvorfor atomvægt er en upålidelig indikator for placeringen af et element i det periodiske system.

Elementerne er arrangeret i rækkefølge efter deres atomnummer i rækker kaldet perioder. Flytning fra venstre til højre over en periode , der er overgang elementer, der er metaller til dem, der er ikke-metaller . De lodrette søjler af den periodiske tabel kaldes grupper. Alle elementer i en gruppe har tilsvarende kemiske egenskaber og er undertiden benævnt som familier af elementer.

HVORFOR elementer i en gruppe har samme kemiske ADFÆRD

Atomnummer bestemmer hvor mange negativt ladede elektroner indeholdt i atomer af et bestemt element , og det er strukturen af de elektroner, der kredser kernen som bestemmer, hvordan elementer reagerer med hinanden. Denne fordeling af elektroner i valensen eller ydre atomets udsættes for andre atomer , når de reagerer . Elementer, hvis valens skaller er helt fuld er ekstremt stabile og synes at reagere med næsten intet andet . Dem med ufuldstændige skaller vil være tilbøjelige til at reagere med andre atomer i en måde, der vil fuldføre disse skaller. Atomer med lignende valens -shell - konfiguration har tilsvarende kemiske egenskaber. Elementer i den samme gruppe i det periodiske system har samme antal valenselektroner .

Det periodiske system , så er et kort over den måde, hvorpå elektroner arrangere sig i atomer et bestemt element . Evnen til at forudsige kemiske opførsel af et element baseret på den række og kolonne, hvor det er fundet gør det periodiske system et uvurderligt opslagsværk for udøvere af videnskab.

HYDROGEN
Atomic nummer: 1
Kemisk Symbol: H
Gruppe : 1A

Brint består af intet mere end en enkelt proton , der tjener som sin kerne , omgivet af en enkelt elektron . Sin enkelhed er med til at forklare, hvorfor det er langt den mest udbredte grundstof , der udgør 93% af alle atomer i universet. Brint er en gas, som ikke har nogen lugt eller smag , er fuldstændig farveløs og ekstremt flammable.The kombination af brint med ilt producerer sin mest almindelige forbindelse er water.Hydrogen også indeholdt i organiske forbindelser , biologiske forbindelser til stede i levende organismer , i parfumer , farvestoffer, pesticider, DNA og proteiner ! Listen bliver ved og ved !

HELIUM
Atomic number: 2
Kemisk Symbol: Han
Gruppe VIII A- Ædelgasserne

Ligesom alle ædelgasser , helium er farveløs og odourless.Together brint og helium udgør en forbløffende 99,9% af elementer i universet. Dens navn stammer fra det græske " helios ", som betyder " sol ". Helium fra solen er produceret ved fusion af hydrogen . Denne reaktion leverer den energi, solen stråler ind i rummet. Helium har en lav densitet og er derfor nyttig i luftskibe og legetøj balloner til sin opdrift i air.Astrnomers bruger ekstremt kold væske fra helium til at fjerne termiske 'støj' gør det nemmere og mere pålidelig til at modtage data fra fjerne galakser.

LITHIUM
Atomic nummer: 3
Kemisk Symbol: Li
Gruppe IA- alkalimetaller

Metallet lithium er ekstremt reaktivt og kombinerer med aluminium til at danne lav densitet , strukturelt stærk legering, der anvendes i fly og rumskibe . Det er også bruges

som en positiv terminal eller anode i små batterier, der anvendes i kameraer, pacemakere og regnemaskiner . Lithiumhydroxid er en meget effektiv luft - renser. Det absorberer CO2 fra luften til dannelse af lithiumcarbonat . Lithium har den højeste varmekapacitet af ethvert element . Denne egenskab gør den ideel varmeoverførsel materiale, og det bliver brugt i eksperimentelle atomreaktorer til at absorbere varme, der produceres ved fission af uran.
I medicin lithiumcarbonat og lithiumcitratopløsning er kendt som meget effektive humør stabilisatorer i manio-depressiv sygdom .

BERYLLIUM
Atomic nummer : 4
Kemisk Symbol: Be
Gruppe IIA - jordalkalimetallerne

I sin rene form , beryllium er en let , temmelig hårdt , grå -hvidt metal . Ligesom alle metaller , der udgør jordalkali gruppe, er det alt for kemisk reaktive findes i dets frie tilstand. Indskud af mineralet beryllium er fordelt over Brasilien , Argentina og USA. Krystaller af beryllium er kendt for deres udsøgte udseende. Både smaragd og akvamarin er naturligt forekommende værdifulde former af dette mineral . Beryllium spillet en central rolle i opdagelsen af neutron i 1932 og er stadig nyttig i research på atomkerner .

BORON
Atomic number: 5
Kemisk Symbol: B
Gruppe III A

Bor er en hård, sprød , ikke- metallisk grundstof . Det er normalt bundet med ilt , vand og natrium i et stof kaldet borax , der anvendes som rensemiddel og afkalker . Når vandet blødgøres , er magnesium og calcium erstattet med relativt harmløse natrium og kalium . En anden Borforbindelsen er borsyre aced anvendt industrielt til at gøre Pyrex , en særlig varmebestandigt glas anvendes i køkkener. Boron ' stænger ' er afgørende for udnyttelsen af atomreaktorer . De kan sænkes ned i en reaktor til at absorbere neutroner dermed styrer strøm produceret af reaktoren.

CARBON
Atomic nummer : 6
Kemisk symbol : C
Gruppe IV A

Carbon kun udgør 0,09% af jordskorpen efter masse , men det er den , der er mest afgørende for livet på vores planet . Carbon skylder sin centrale placering i den organiske verden evne til dens atomer at linke op med andre kulstofatomer til at danne lange kæder , der enten lige eller forgrenede. En sådan langkædet molekyle i DNA fundet i det genetiske materiale af alle levende væsener. Elementer kan eksistere i flere naturlige former kaldet allotropes . Kulstof findes i allotropic former for grafit , kul og mest spektakulært diamant.

NITROGEN
Atomic nummer : 7
Kemisk symbol: N
Gruppe V A

Kvælstof mangler enhver fornuft stimulation ejendom, og vi er hele tiden at trække vejret i store mængder som vi indånder luft. Det dominerer gasserne i jordens atmosfære gør op nogle 78% af volumen. Kvælstofformer hundredtusinder af forbindelser, der er af afgørende betydning for landbruget og industrien den vigtigste af som er ammoniak . I sin gasform, nitrogen anvendes ofte i situationer, hvor det er vigtigt at holde andre, mere reaktive atmosfæriske gasser væk. For eksempel , for at forhindre oxidation af vin, vinflasker er ofte fyldt med nitrogen efter proppen er fjernet.

ILT
Atomic nummer: 8
Kemisk symbol: O
Gruppe VI A

Ilt findes i atmosfæren i vandet, og i jordskorpen i et enormt udvalg af sten og mineraler . Det er afgørende for liv og en del af enhver biologisk molekyle i vores kroppe. Selv om mange naturlige processer forbruger ilt , er den konstant genopfyldes ved fotosyntese i planter og dermed hele tiden forbruges og løbende blive produceret. Den engelske kemiker Joseph Priestley er krediteret med opdagelsen af ilt . Han opvarmes et oxid af kviksølv og bemærkede, at den gas, det gav off forårsaget lys til at brænde med en bemærkelsesværdig strålende flamme . Gassen var ilt !

fluor
Atomic nummer : 9
Kemisk symbol : F

Gruppe VII A - halogenerne
Fluor er den mindste, letteste og mest reaktive halogen. Alle atomer i denne gruppe, der let kombineres med metaller til at danne salte . I mange dele af verden natriumfluorid føjes til offentlige vandforsyninger. Forskning har vist, at små mængder af fluor kan forsinke udviklingen af huller i tænderne. I nærvær af hydrogen, fluor brænder med eksplosiv kraft producerende hydrogenfluorid , som når det er opløst i vand danner flussyre. Det er yderst farligt. Det er imidlertid anvendes til at opløse glasset og anvendes til at ætse design på glasgenstande .

NEON
Atomic nummer: 10
Kemisk symbol: Ne
Gruppe VIII A- ædelgasser

Neon ligesom alle ædelgasser er monoatomisk . De velkendte neonskilte i butiksfacade
og restaurant windows indeholder neon gas, der lyser, når den aktiveres af en elektrisk
udladning . Når dette sker, neon atomer i gassen afgiver stråling i form af orange- rødt
lys. Forskellige gasser anvendes til fremstilling af skilte af forskellige colurs . Hver gas
når ophidset udstråler sin egen karakteristiske farve. Kommerciel neon produceres i air-
likvifraktionsanlæg . Fordi neon har et kogepunkt på -229 grader celsius , er det stadig
som en rest efter mere flygtige kvælstof og ilt har kogt off!

SODIUM
Atomic nummer : 11
Kemisk symbol: Na
Gruppe IA - alkalimetaller

Natrium er en yderst reaktiv lyse sølvfarvede metal lys nok til at flyde på vand og blødt
nok til at blive skåret med kniv. Det er en del af mange vigtige forbindelser, som findes
vidt udbredt over hele jorden . Natriumchlorid , det kemiske navn for bordsalt udvindes i
store mængder fra naturlige saltaflejringer . Natriumbicarbonat almindeligt kendt som
bagepulver bruges til at gøre bagværk stigning , når det opvarmes eller kagedej medført,
når bagt. Det er også bruges til at neutralisere overdreven mavesyre og som en agent i
brandslukkere.

MAGNESIUM
Atomic nummer: 12
Kemisk symbol: Mg
Gruppe II A- jordalkalimetallerne

Magnesium er til stede i så store mængder i havvand , at verdenshavene indeholder en
næsten ubegrænset forsyning af det opløste materiale . Dens store fordel er, at det er
meget let , hvilket også gør den ideel til opdigte bil-og flydele , elværktøj, plæneklipper
huse og racercykler . Magnesium er også vigtig for ordentlig ernæring hos mennesker ,
fordi det er afgørende for et velfungerende af flere enzymer. Det spiller også en
afgørende rolle i make -up af de grønne Chlorophyll stede i alle grønne planteceller.

ALUMINUM
Atomic nummer : 13
Kemisk symbol: Al
Gruppe III A

Sædvanligvis findes i naturen kombineret med oxygen, aluminium er den mest rigelige metal i jordskorpen. Det er let og god leder af elektricitet , to egenskaber, der gør det til et ideelt stof til en bred vifte af produkter. Det er en fremragende reflektor af stråling og bruges til forskellige typer af antenner, varme reflektorer , og sol spejle. Ud over disse andre egenskaber , aluminium er temmelig reaktiv. Den danner et oxidlag , der forhindrer den i yderligere reaktioner med miljøet , så det er normalt betragtes korrosionsbestandig . Aluminium er også ikke-giftige, lugt og smag .

SILICON
Atomic nummer : 14
Kemisk Symbol: Si
Gruppe IV A

Forbindelser af silicium bundet kemisk til ilt udgør størstedelen af jordens sand, sten og jord. I dag silicium danner grundlag for mikroelektronik -industrien. Brugen af silicium-chips i trykte kredsløb har gjort det muligt at skrumpende rum mellemstore computere til dem, der kan hvile på dit skød. Den vigtigste siliciumforbindelse er silica , der findes i to former - kvarts og flint. Små perler og halvædelsten er krystaller af kvarts med farvede urenheder. Silica anvendes til fremstilling af glas. Keramik og siliconer er andre vigtige klasser af forbindelser baseret på silicium.

PHOSPHORUS
Atomic nummer : 15
Kemisk symbol: P
Gruppe VA

Fosfor blev opdaget af læge Hennig Brand i 1669 . Han destilleret resten fra kogt ned urin og opnåede noget, der lyste i mørket og brast i flammer i varm luft. Fosfor og lysudsendelse er stadig forbundet i fænomen kendt som morild . Zink sulfid er det selvlysende materiale, der giver off scintillationer af lys, når ramt af hurtig bevægelse elektroner. Denne effekt på belægningen af tv- rør producerer tv-billedet . Næsten alle fosfor anvendes kommercielt er at gøre phosphorsyre. Dens største anvendelse er i fremstilling af gødning - jord uden fosfor er ufrugtbar . Almindeligvis findes i to former , dvs røde og gule , er førstnævnte bruges til at gøre sikkerhed kampe .

SVOVL
Atomic nummer : 16
Kemisk symbol: S
Gruppe VI A

Svovl er en reaktiv ikke- metal findes i naturen , både i sin frie elementært tilstand og i form af udbredte malm og mineraler. Nogle almindelige mineraler Svovl er gips , dvs calciumsulfat og svovlkis ofte kendt som " fjols guld« . Ud over deres betydning i at gøre kunstgødning , bevare mad, blegning tekstiler og rengøring af metal , Svovlforbindelser har hundredvis af andre anvendelser i inddrivelse metaller fra malm , hvilket gør gummi , rengøringsmidler, maling og farvestoffer og syntetiske fibre. Faktisk en nations industriudviklingsniveau bestemmes af dets per capita forbrug af svovl.

KLOR
Atomic nummer : 17
Kemisk symbol : Cl
Gruppe VII A - halogenerne

Klor er en giftig gullig grøn diatomiske gas. Indånding selv en lille mængde kan forårsage alvorlige lungeskader. Toksiciteten af chorine gør det et fremragende desinfektionsmiddel til svømmebassiner og vandforsyninger. En vigtig forbindelse af chlor er hydrogenchlorid , en gas, der opløses i vand til saltsyre. Saltsyre er til stede i mavesaften i maven, hvor det er nødvendigt at aktivere protein enzymer . Har været anvendt store mængder af chlor til fremstilling af insekticider. Mange har for nylig blevet forbudt , da de betragtes som miljø- forurenende stoffer.

ARGON
Atomic nummer : 18
Kemisk symbol: Ar
Gruppe VIII A- ædelgasser

I 1894 , argon blev den første ædelgas at blive opdaget. Dens kommercielle applikationer gør brug af sin manglende reaktivitet. Argon er henfaldet produkt af en vigtig radio - isotop bruges for sex stenprøver er kalium - 40.The teknik kaldet kalium - argon datering. Kalium har en usædvanlig lang halveringstid på 1250 millioner år og er til stede i mange sten . Når kalium 40 henfalder , det forvandler sig til argon. Derfor kan man bestemme alderen på en sten ved at bestemme , hvor meget argon er til stede . De ældste klipper på Jorden er blevet bestemt ved denne metode for 3,8 milliarder år gammel .

KALIUM
Atomic nummer : 19
Kemisk Symbol: K
Gruppe IA alkalimetaller

Kalium er ekstremt reaktivt dermed er aldrig fundet i sin frie tilstand i naturen. Det findes i havvand , selv i mindre mængder end natrium, dets kemiske ækvivalent . Kalium er vigtige for planternes vækst så meget af kalium i opløste mineraler optages af planter , før de når havet. Et naturligt forekommende isotop af kalium er potssium - 40.Human krop indeholder 140 gram kalium . Da den overflod af kalium -40 er 0,012 procent , er vi alle delvist består af denne reaktive isotop. Det er en stor bidragyder til vores levetid strålingsdosis

CALCIUM
Atomic nummer : 20
Kemisk Symbol: Ca
Gruppe II A -The jordalkalimetaller

Calcium er en vigtig ingrediens for en bred vifte af levende organismer. Menneskelige tænder og knogler indeholder kalcium og marine organer bygge deres skaller af calciumcarbonat. Kalk, en forbindelse af calcium er en vigtig industriel kemisk . En af dens tidlige anvendelser var i teatralsk belysning. Når kalk opvarmes til en høj temperatur, det afgiver en intens blå- hvidt lys. Det blev brugt i begyndelsen af det 19. århundrede for at belyse aktører giver anledning til udtrykket » i rampelyset . Sandsynligvis den vigtigste moderne brug af kalk i produktionen af jern fra dens malm.

scandium
Atomic nummer : 21
Kemisk Symbol: Sc
Gruppe III B First Row Transition Element

Scandium hoveder Den første række overgangselementer . Alle er temmelig ikke-reaktive metaller og mange er ekstremt farlige. Scandium er en meget letvægts metal med et relativt højt smeltepunkt og viser god modstandsdygtighed over for korrosion. Disse egenskaber har gjort det af stor interesse for luftfartsindustrien til opførelse af et luftfartøj. Scandium danner par nyttige forbindelser. Metallet selv har fundet en vis anvendelse i elektroniske apparater, såsom høj intensitet lamper , der producerer lys med en farve værdi tæt på det naturlige sollys. Lamper af denne type bruges ofte til at belyse fodboldstadioner .

TITANIUM
Atomic nummer : 22
Kemisk symbol: Ti
Gruppe IV B Første række overgang Element

Titanium i ren tilstand er et metal , der er nemt at arbejde og ganske sejt eller i stand til at blive trukket ind i wire. På trods af sin lette vægt , er det usædvanligt stærke og næsten immun over for sædvanlige former for metaltræthed . Det har også en ekstraordinær korrosionsbestandighed , så det har hver ejendom nødvendige for at gøre det til et ideelt materiale til jetmotorer og raketter. Den vigtigste forbindelse er titandioxid et stof med intens strålende hvide farve, der anvendes som et pigment til maling , papir og plast.

VANADIUM
Atomic nummer : 23
Kemisk symbol: V
Gruppe VB First Row Transition Element

Vanadium er en lys skinnende metal, der er forholdsvis blødt og ekstremt modstandsdygtige over for korrosion. En mexicansk professor i mineralogi nemlig Andres Manuel del Rio opdagede vanadium i 1801 . Det blev senere opkaldt efter den skandinaviske gudinde Vanadis grund af sine mange smukt farvede forbindelser. Omkring 80% af vanadium fremstillet i USA går ind i fremstillingen af stål.

KROM
Atoniske nummer : 24
Kemisk Symbol: Cr
Gruppe VI B- overgangsmetaller fra første række Element

Chrom blev opkaldt fra det græske ord " chroma ', der betyder farve. Den smukke farve af mange ædelstene - røde rubiner , den karakteristiske grønne smaragder - er på grund af tilstedeværelsen af spor mængden af krom . Metallet er sædvanligvis udvundet chromit , et oxid af chrom , som er dens vigtigste malm. Når de udsættes for luft, krom danner en usynlig oxid, der gør det ekstremt modstandsdygtig over for korrosion og meget nyttigt både som en dekorativ og beskyttende belægning over andre metaller såsom messing , bronze og stål. Chrom også anvendes til at producere rustfrit stål.

MANGAN
Atomic nummer : 25
Kemisk symbol: Mn
Gruppe VII B First Row Transition Element

Mangan er en hård grå -hvidt metal , der ligner og har mange egenskaber, der ligner jern . Tilføjelse mangan til stål gør er usædvanlig hård og modstandsdygtig over for stød. Sådanne stål er ideel til brug i riffel tønder, bankbokse , jernbanespor og jordarbejder udstyr. Mangan tilføjer også hårdhed, styrke og korrosionsbestandighed til legeringer af aluminium og magnesium. Stoffet kaliumpermanganat har en lilla farve, der undertiden ses i antikke glas. Selvom glasproducenter ikke længere bruger mangan , er dens evne til at farve objekter bruges til at lysne keramik og lertøj .

IRON
Atomic nummer : 26
Kemisk symbol: Fe
Gruppe VIII B First Row Transition Element

Jern er nok den mest almindelige metal i det menneskelige samfund. Uanset om vi bruger en skruetrækker eller ride en bil eller et tog , betydningen og nytten af jern som et strukturelt materiale er selvindlysende . Det indre af jorden er kendt som kerne er lavet af smeltet jern . Evnen til at forfine metallet tjente som en vigtig milepæl i den menneskelige udvikling er kendt som jernalderen (1000 f.Kr.). Dens opdagelse fører til redskaber og våben , der var hårdere og mere holdbar end bronzealderen. I dag er mere end 90% af alle metaller raffinerede er jern.

COBALT
Atomic nummer : 27
Kemisk symbol : Co
Gruppe VIII B First Row Transition Element

En stor malm cobalt er cobaltite . Rent metal opnås ved ristning denne malm. Navnet kobolt kommer af det tyske ' Kobold ', som refererer til en ond ånd. Minearbejdere ofte sagt, at uheld i sindet var forårsaget af ' Kobold ' . Cobalt tilsættes til stål for at forbedre dens korrosionsbestandighed. Når kobolt er blandet med wolfram og kobber , det danner Stellite , et metal, der bevarer sin hårdhed ved høje temperaturer gør den ideel til høj hastighed boremaskiner og skære instrumenter. Ligesom jern kobolt er let magnetiseret . Den kraftfulde magnetisk stof kaldet Alnico er en legering af kobolt, aluminium og nikkel.

NICKEL
Atomic nummer : 28
Kemisk symbol: Ni
Gruppe VIII B First Row Transition Element

Nikkel er ofte tilsat andre metaller såsom jern og stål til at danne legeringer er modstandsdygtige over for oxidation. Nichrom det metal, der anvendes til at gøre varmelegemer brødristere og elektriske ovne er en legering af krom og nikkel . Den høje elektriske modstand af nichrom kombineret med dens høje smeltepunkt gør det et meget effektivt materiale til at konvertere elektricitet til varme. En vigtig anvendelse af metallet er nikkel- cadmium-batterier. Dette batteri er genopladeligt , som gør det særligt nyttigt i regnemaskiner , computere og trådløse elektriske barbermaskiner .

KOBBER
Atomic nummer : 29
Kemisk symbol: Cu
Gruppe IB First Row Transition Element

En velkendt brug af vand er i rørene , der bærer vand i køkkenet. Fordi kobber er en af de bedste ledere af elektricitet , er kobbertråde almindeligt anvendt til at overføre elektrisk energi fra kraftværker til boliger, kontorer , fabrikker og andre bygninger og fra stikkontakter til elektriske apparater. Kobber blev engang brugt til at lave knapper til ensartede jakker til politifolk dermed den mundrette " kobber " for politiet. Messing , en legering af kobber og zink har en bred vifte af anvendelser fra hardware til zink.

ZINK
Atomic nummer : 30
Kemisk symbol: Zn
Gruppe I B Første række overgangselement

I sin rene tilstand , zink er en hård, sprød , sølvskinnende metal. Det er relativt modstandsdygtige over for korrosion og hurtigt danner en hård oxid belægning, der forhindrer den i at reagere yderligere med luften. I den proces der kaldes galvanisering, er et lag af zink belagt løbet stål for at forhindre korrosion . Metallet har mange andre anvendelser. En af de vigtigste er i den fælles tør celle batteri. Siden 1981 har zink har fungeret som chef metal i USA øre. Zink er også kombineret med kobber til at danne messing .

GALLIUM
Atomic nummer : 31
Kemisk symbol: Ga
Gruppe III A Indlæg Transition Metal

Gallium er et ekstremt blødt metal med et meget lavt smeltepunkt og en ekstremt højt kogepunkt 2403 grader celsius . Rækken af temperaturer, ved hvilke gallium er flydende er den største af alle kendte metal. Dette gør det nyttigt for særlig høj grad termometre. Indtil for nylig få praktiske anvendelser af gallium var kendt . Dette ændrede hurtigt med den opdagelse, at galliumarsenid kan fungere som en laserdiode og konvertere elektricitet direkte i laserlys. Lysemitterende dioder anvendes i en række forskellige ure og autodisc spillere.

GERMANIUM
Atomic nummer : 32
Kemisk symbol: Ge
Gruppe IV A Metalloid

Germanium er en relativt sjælden mørkegrå massive element . Det er aldrig fundet i ren form i naturen, men kombineret med oxygen. Germanium kaldes en halvleder . Tilsætning af små mængder af urenheder øger dens evne til at lede elektricitet . Doped ' germanium bruges til at gøre transistorer , der er kernen i den faste tilstand elektronikindustrien. Med doping titusinder af transistorer kan nu dannes på en lille germanium chip, som i realiteten bliver en lille computer . Sådanne materialer har muliggjort revolutionen i elektronik miniaturisering.

ARSENIC
Atomic nummer : 33
Kemisk symbol: Som
Gruppe VA Metalloid

Arsen er et sprødt krystallinsk fast stof ved stuetemperatur. I form af arsenious oxid er et velkendt giftstof . Det bruges som et ukrudtsmiddel og insekticid . Arsen som gift har fanget fantasien af mange en forbrydelse forfatter. Før de seneste fremskridt inden retsmedicinske teknikker , var det umuligt at opdage i ofrets krop . Selv om en gift , har arsenforbindelser været brugt til medicinske formål samt, den mest kendte væsen '606 ' udtænkt af Paul Ehrlich som en kur mod syfilis .

SELEN
Atomic nummer : 34
Kemisk symbol: Se
Gruppe VI A Metalloid

Selen bærende mineraler er for knappe til at blive udvundet rentabelt. Fordi metalloid findes i selskab med kobber og svovl , er næsten alle selen udvundet som et bye - produkt af kobber raffinering og fremstilling af svovlsyre . Selen findes i to former - rød og grå . Gray selen er en fotoledende betyder, at selv en dårlig leder af elektricitet, normalt , bliver det og fremragende leder i nærvær af lys . Dette gør selen værdifuld som en lyssensor i robotteknologi og lysmålere.

BROM
Atomic nummer : 35
Kemisk symbol: Br
Gruppe VII A Halogener

Brom er en rødlig væske med en skarp lugt . Dens navn er afledt af det græske bromos betyder stank . Brom kan findes i havvand , underjordiske saltminer og dybe saltlage brønde. En større anvendelse af brom er i at producere en benzin tilsætningsstof kaldet ethylendibromid . Denne sammensatte fjerner blytilsætninger efter forbrændingen af benzin forhindre dannelsen af bly indskud. Brom er yderst giftigt og brænder på huden . Desuden dens skadelige dampe kan beskadige næse og hals.

KRYPTON
Atomic nummer : 36
Kemisk symbol: Kr.
Gruppe VIII A ædelgasser

I 1933 Linus Pauling udfordrede ideen om, at ædelgasser var kemisk inaktivt . Eksistensen af det sammensatte han forudså af krypton og fluor blev bekræftet i 1966. Krypton er en lugtfri , smagløst, farveløs helt ufarlig gas . Dens chef anvendelse er i ' neon ' lygter, som er en del af det moderne landskab . Når forseglet i et glasrør og udsat for elektrisk udladning , producerer krypton en bleg violet farve bruges til lufthavnens landingsbane og indflyvningslyset . Krypton bruges også blandet med xenon i høj intensitet, kortvarige eksponering fotografiske blitzpærer eller stroboskoplys .

rubidium
Atomic nummer : 37
Kemisk symbol: Rb
Gruppe IA alkalimetaller

Rubidium er en sølvfarvet , meget blød meget reaktive metal, brænder spontant når de udsættes for luft. Det reagerer også voldsomt med vand giver store mængder af brint , der straks bryder i brand på grund af den varme, der genereres ved reaktionen . Rubidium er alt for reaktiv at eksistere som rent metal i naturen og få rubidium bærende mineraler er kendte. Rubidium har ringe kommerciel værdi. Metallet blev opdaget i 1861 af tyske kemikere Robert Bunsen og Gustav Kirchoff . De identificerede det ved spektrallinier som en urenhed blandt mange alkalimetaller de var at undersøge .

STRONTIUM
Atomic nummer : 38
Kemisk symbol: Sr
Gruppe IIA jordalkalimetallerne

Strontium har ringe kommerciel brug og dets forbindelser har kun fundet begrænset anvendelse i industrien. Da strontiumsalte såsom strontium carbonat udsender en karakteristisk rød farve, når de brænder , bliver de brugt i hovedvej advarsels afbrændere og i fyrværkeri. En af isotoper af strontium, Sr- 90 er en radioaktiv biprodukt af nukleare eksplosioner og kan forurene store områder af miljøet gennem nedfald fra atmosfæren. Da strontium 90 forevises uran undergår fission , skal operatører af atomreaktorer være konstant på vagt for at forhindre dens utilsigtet udslip i miljøet .

yttrium
Atomic nummer : 39
Kemisk symbol: Y
Gruppe III B overgangselement

Yttrium er fundet i små mængder i jordskorpen , men stenene bragt tilbage fra Månen havde en uventet højt indhold yttrium . Når deres temperaturen sænkes til kun et par grader over det absolutte nulpunkt , næsten alle metaller viser ingen elektrisk modstand overhovedet. Ekstremt lave temperaturer er upraktisk dog. I 1987 meddelte forskere opdagelsen af en forbindelse af yttrium , kobber og bariumoxid , der blev superledende ved 93 grader Kelvin . Andre blandinger af dette element er ved at blive undersøgt , og der er optimisme at en af dem skulle vise sig at være en praktisk højtemperatur superleder.

ZIRCONIUM
Atomic nummer : 40
Kemisk symbol: Zr
Gruppe IV B overgangselement

Zirconium er et stærkt , holdbart metal. Dens evne til at modstå høje temperaturer gør det til et ideelt ingrediens for varmebestandige materialer i rumfartøjet . Den bedst kendte forbindelse zirconium er det metal zircon . Det har været kendt siden oldtiden og endda nævnt i Bibelen. Findes i en bred vifte af farver , hvor krystallen er skåret og poleret det betragtes som en semi ædle perle. Zircon har en ekstremt høj brydningsindeks. På grund af dette , dens farveløse krystaller har en usædvanlig glans og er undertiden bruges som erstatning for diamanter.

niobium
Atomic nummer : 41
Kemisk symbol: Nb
Gruppe VB Transition Element

Metallet niobium har været vigtig i historien om høj temperatur superledning . En legering , der består af niobium og germanium har evnen til at modstå store strømme tillader konstruktion af superledende magneter for sådanne instrumenter kernemagnetisk
resonans scannere, der anvendes i diagnostisk medicin . Niobium tilføjes til stål til særlige formål. Ved høje temperaturer grænserne mellem de små korn , der udgør rustfrit stål svække og korroderer lettere end resten af stål. Tilsætningen af niobium forhindrer dette i at ske tillade stål til at modstå meget højere temperaturer under ekstrem stress .

MOLYBDÆN
Atomic nummer : 42
Kemisk symbol: Mb
Gruppe VI B- overgangselement

Molybdæn er et hårdt sølvfarvet metal. Temmelig store forekomster af molybdenit findes i Colorado, USA. Stål indeholder molybdæn er velegnet til fly og bil motordele. Det er i stand til at modstå temperatur-og trykændringer konstant finder sted i en motor. Af samme grund er det anvendes til fremstilling af skydevåben og kanoner . En af de radioaktive isotoper , er molybdæn -99 anvendes på hospitaler til at generere technetium- 99, som er meget nyttigt for at tage billeder af de indre organer efter at være blevet taget internt .

TECHNETIUM
Atomic nummer : 43
Kemisk symbol: Tc
Gruppe VII B Transition Element

Technetium var det første element , der skal produceres i laboratoriet fra en anden element.logically det tager sit navn fra det græske teknetos betyder kunstig. Hver isotopen er radioaktiv og henfalder til at danne en isotop af et andet element . Dag atomreaktorer fremstilling af en af de mest nyttige isotoper af technetium , technetium-99m. Når det i sprøjtes ind i venerne i en patient , vil isotopen koncentrere sig i bestemte kroppens organer og dens radioaktivitet vil afsløre en fotografisk plade afslører hvordan disse organer fungerer.

RUTHENIUM
Atomic nummer : 44
Kemisk symbol: Ru
Gruppe VIII B overgangselement

Ruthenium er en sjælden element , der normalt udvindes som et biprodukt fra raffinering af platin malm. Hovedsageligt ruthenium anvendes som en katalysator for industrielle processer. Det har været brugt som en katalysator i at få brint gas direkte opdele vandmolekyler snarere end af electrolysis.rutheniumis også anvendes i smykker virksomhed som en hærdende tilsætningsstof til platin og er ofte tilsat titan at forbedre sin korrosionsbestandighed. Andre legeringer af ruthenium bruges i fyldepen point og særlige elektriske kontakter .

rhodium
Atomic nummer : 45
Kemisk symbol: Rh
Gruppe VIII B overgangselement

Rhodium er et sjældent , ekstremt hårdt sølvgrå metal. Den blev opdaget af William Wollaston i 1803 . Han opkaldte den efter det græske ord Rhodon for rosen fordi mange af de salte har rosa farve . Det anvendes i katalysatorer af biler. Udstødningsgasserne er en væsentlig kilde til luftforurening . Den katalytiske konverter er fyldt med små katalytiske kugler indeholdende platin , palladium og rhodium som omdanner varme udstødningsgasser , der passerer gennem dem til uskadelige produkter.

PALLADIUM
Atomic nummer : 46
Kemisk symbol: Pd
Gruppe VIII B overgangselement

Palladium er et blødt sølvhvide metal, der ligner platin. Det er yderst formbart og duktilt . En interessant anvendelse af palladium opstod, da det blev serendipitously fastslået, at det nyttige i behandling af kræft ved at hæmme celledeling og var relativt fri for bivirkninger. Med en halveringstid på kun 17 dage, kan det palladium103 isotop levere stærke doser af stråling til at ødelægge kræft og derefter forsvinder efter lidt mere end en måned.

SILVER
Atomic nummer : 47
Kemisk symbol: Ag
Gruppe IB Transition Element (møntloven metal)

Silver er en af de få metaller, der findes i fri tilstand i naturen, og dens symbol Ag kommer fra latinske ord argentum som betyder sølv. Det har været et møntsystem metal siden bibelske tider måske endnu tidligere. Af alle metaller , sølv er den bedste leder af varme og elektricitet. Det er ikke normalt bruges i hjemmet ledningsføring på grund af omkostninger , men flittigt brugt i fremstilling af høj kvalitet elektronisk udstyr.

CADMIUM
Atomic nummer : 48
Kemisk symbol: Cd
Gruppe II B Transition Element

Cadmium findes i så store mængder af zink malm , at det generelt betragtes som en biprodukt af zink raffinering. De store brug af metallet er i galvanisering af stål for at forhindre det mod tæring . Det bruges sjældnere end zink , fordi det er mindre rigelige og har en tilbøjelighed til at forårsage sundhedsmæssige problemer. Evnen af cadmium til at absorbere neutroner er af stor betydning i udformningen af kontrol atomreaktor stænger. Cadmium bruges også som en rød og gul pigment i at gøre maling.

indium
Atomic nummer : 49
Kemisk symbol: I
Gruppe III A Indlæg overgang metal

Indium er en sjælden blålig hvid metal blødt nok til at efterlade spor af sig selv, når kraftigt gnides mod andre metaller. Pure indium har nogle kommercielle applikationer , og det er først og fremmest bruges som en legering med andre metaller . Legeringer af indium og sølv og indium og bly er bedre ledere end sølv eller bly alene. De har også fundet anvendelse i fremstilling af transistorer og fotoceller . Indium folier er ofte indsat i atomreaktorer til at styre kernereaktion. Den hastighed, hvormed disse folier bliver radioaktive tjener som et værdifuldt måling af reaktioner, der finder sted .

TIN
Atomic nummer : 50
Kemisk symbol: Sn
Gruppe IV A Indlæg Transition Metal

Tin var blandt de første metaller, der anvendes af mennesker. Bronze, en legering af kobber og tin blev brugt i Egypten mere end 5000 år siden. I dag er det først og fremmest bruges som en legering agent og gøre tin plade, som er stålplader belagt med et tyndt lag tin . Fordi tin beskytter stål fra næringsmiddelsyrer blev tin plade bruges til at lave dåser til fødevarer , men er nu stort set blevet erstattet af plast og aluminium . Det er en af de mest medgørlige metaller kendt.

ANTIMON
Atomic nummer : 51
Kemisk symbol: Sb
Gruppe VA Metalloid

Antimon er en hård, sprød , krystallinsk , grålig , fast. Selvom de er kendt som et metal, er det en meget dårlig leder af elektricitet. Malmen , der tjener som den primære kilde er det mineral stibnit . Et sort stof , blev det brugt i oldtiden kvinders øjenbryn til at blive mørkere . En stor brug for antimon er fælles sikkerheds kamp. Lederen af tændstik indeholder en blanding af antimon trisulfid og et oxidationsmiddel såsom kaliumchlorat . Antimon har nogle andre kommercielle anvendelser. Som en legering kan øge hårdheden af mange metaller .

tellur
Atomic nummer : 52
Kemisk symbol: Te
Gruppe VI A Metalloid

Tellur er en sjælden sølvhvide metalloid . I modsætning til typiske metaller , det er skørt og en dårlig leder af elektricitet. Tellur er en af de få elementer, der kombinerer med guld. Forbindelserne det former kaldes guld tellurides og de udgør en meget vigtig del af guldførende malm . Tellur er ofte udvindes som et biprodukt i raffinering af guld og også af kobber. Den vigtigste anvendelse af tellur er som et additiv til sådanne metaller som kobber og rustfrit stål for at skabe en legering, der er lettere at bearbejde end det oprindelige metal .

IODINE
Atomic nummer : 53
Kemisk symbol: Jeg
Gruppe VIIA halogenerne

Jod er en violet sort fast stof findes i tang , saltlage brønde og i havet . Selv om en gift , en af dens mest almindelige anvendelser er som en antiseptisk opløsning tinktur af jod. Jodsalte føjes til bordsalt og dyrefoder. Dette gøres iod er en vigtig bestanddel af hormonet thyroxin udskilles af skjoldbruskkirtel og hjælper med at sikre , at de kirtel fungerer korrekt. Sølviodid har evnen til at danne enorme antal krystaller , så mange som en million milliard fra en gram- der virker som kerner til regndråbe formation.

XENON
Atomic nummer ; 54
Kemisk symbol: Xe
Gruppe VIII A ædelgasser

Xenon findes i atmosfæren i kun spormængder . Ligesom de andre ædelgasser det eksisterer som monoatomisk molekyle, der ikke har nogen farve lugt eller smag. I 1962 Neil Bartlett den engelske kemiker foretaget den første ædelgas sammensatte. Han kombinerede xenon og platin hexafluoride og meget til hans forbavselse opnået en solid, gul -orange stof, som bestod af molekyler af xenon , platinim og fluor . Til dato xenon og krypton er de eneste ædelgasser vides at danne forbindelser . Ligesom andre ædelgasser er xenon anvendes i elektriske udladningsrør til at producere lys .

CAESIUM
Atomic nummer : 55
Kemisk symbol: Cs
Gruppe IA alkalimetaller

Pure cæsium er den blødeste metal kendt. Dens ekstreme reaktivitet har gjort det nyttige i at fjerne uønskede gasser fra vakuum systemer for eksempel inde i en tv- rør. Den isotop cæsium -133 fungerer som verdens officielle mål for tiden. Den anden er målt strålingen fra cæsium 133 atom , når det er ophidset af en ekstern energikilde i stedet for i form af jordens rotation omkring solen , som det plejede at være. Den anden beskrives som den forløbne tid på præcis 9192531770 vibrationer af strålingen fra caesuim -133 atom.

BARIUM
Atomic nummer : 56
Kemisk symbol: Ba
Gruppe IIA jordalkalimetallerne

I form af opløseligt salt , barium er ganske toksisk. På den anden side i uopløselige former er uskadelige for det menneskelige legeme. Radiologer bruger barium sulfat til at undersøge en patients tarmkanal med Xrays.Barium sulfat har også en række andre anvendelser baseret på dens lave opløselighed i vand og hvid farve. Det bruges som en whitener på fotografiske plader og som fyldstof skriftligt papir, plast og fibre. Barium metal har nogle kommercielle applikationer på grund af sin vilje til at reagere med ilt og fugt.

lanthan
Atomic nummer : 57
Kemisk symbol: La
Gruppe III B Rare Earth Element (Lanthanider)

Lanthan er det første af de sjældne jordart -serien. Det er almindeligt at finde mange sjældne elementer blandet sammen i en enkelt mineral. Sandsynligvis den vigtigste brug af lanthanide forbindelser er i opdigte elektroderne for høj intensitet kulstof buelamper anvendes i søgelys , studio belysning og levende billeder projektorer. Lanthan og dets isotoper findes i fragmenter, der er produceret når uran fissioner . Det var opdagelsen af lanthan isotoper samt de af barium af den tyske kemiker Otto Hahn , der i sidste ende føre til ideen om nuklear fission .

cerium
Atomic nummer : 58
Kemisk symbol: Ce
Gruppe III B sjældne jordarter (Lanthanider)

Cerium blev opkaldt efter asteroiden Ceres hvis opdagelse i 1801 vakte stor begejstring i den videnskabelige verden . Den rene metalliske form af cerium var ikke forberedt indtil 1875. Det er en jern grå metal , der er ganske formbart og duktilt . Ceriumforbindelser som dem i lanthan bruges kommercielt til at danne elektroder af høj intensitet carbon bue lamper . Som en oxid cerium anvendes som et tilsætningsstof til væggene i selvrensende ovne , hvor det ser ud til at forhindre opbygning af madlavning rester.

praseodymium
Atomic nummer : 59
Kemisk symbol: Pr
Gruppe III B sjældne jordarter (Lanthanider)

Det blev opdaget af Carl Auer von Welsbach , en østrigsk baron, der havde en interesse i mineralogi . Den rene metal er isoleret fra sit malm ved ionbytningsteknik . En udveksling proces anvendes til at isolere en slags ion ved at erstatte den med en anden . I en sådan proces er den aktive ingrediens en harpiks bestående af store molekyler, som har en netlike struktur. Harpiksen indeholder mobile ioner løst forbundet til nettet. Når en opløsning indeholdende de andre ioner er passeret gennem harpiksen , erstatter de mobile ioner, der derefter diffundere ud af nettet .

neodym
Atomic nummer : 60
Kemisk symbol: Nd
Gruppe III A Rare Earth Elements (Lanthanider)

Det er et magnetisk stof, der anvendes til at skabe nogle af de mest kraftige magneter i verden. De supermagnets er kendt som NIB magneter , da de indeholder jern og bor , som well.they er så stærke, at to små magneter med tryk på begge sider af ens hånd uden at falde. En Nd magnet med kun halvdelen tommer diameter er stærk nok til at reagere på magnetiske materialer i tryksværte , der anvendes i papir penge og kan bruges til at afsløre falske . Det bruges også i steg farvede briller !

promethium
Atomic nummer : 61
Kemisk symbol: Pm
Gruppe III B sjældne jordarter (Lanthanider)

Ingen spor af promethium er fundet på Jordens skorpe , men det er blevet identificeret i spektret af flere stjerner i Andromeda galaksen. Det er en syntetisk sjælden element er gjort i de nukleare acceleratorer og kernereaktorer . Når neodym udsættes for intens neutronstråling stede i en reaktor , omdannes det til promethium . 28 isotoper af elementet er hidtil blevet syntetiseret alle er radioaktive. Meget lidt er kendt af de kemiske og fysiske egenskaber af ren promethium .

SAMARIUM
Atomic nummer : 62
Kemisk symbol Sm
Gruppe III B Rare Earth Element (Lanthanider)

De vigtigste malm samarium er bastnasite og monazite . Monazit malm ofte indeholder så meget som 50 % af deres vægt i sjældne jordarter er fundet i floden sand i Indien og Brasilien og i Florida strand sand.In sin rene form samarium har en sølvskinnende hvid glans og er forholdsvis modstandsdygtigt over for oxidation . Metallet vil dog antændes spontant ved lave temperaturer. Nogle forbindelser med dette element anvendes til at fremstille permanente magneter . Samarium oxid er et glimrende absorber af infrarød stråling og føjes til dette formål forskellige typer glas og infrarød følsom fosfor.

europium

Atomic nummer : 63
Kemisk symbol ; Eu
Gruppe III B Rare Earth Element (Lanthanider)

Europium er en af de sjældneste af de sjældne jordarters metaller. I 1901 franske
kemiker Eugene - Anatole Demarcay endelig isoleret en urenhed i en samarium -
gadolinium prøve han studerede og identificeret urenhed som et nyt element . Pure
europium er forholdsvis blød og sølvfarvede hvid. Det er ganske sejt og en af de mest
reaktive af de sjældne jordarters metaller . Europium oxid er ret udbredt som
tilsætningsstof for at forbedre effektiviteten af rødt fosfor i tv-og computerskærme. Det
er også bruges til at øge energieffektiviteten af lysstofrør.

gadolinium
Atomic nummer : 64
Kemisk symbol: Gd
Gruppe IIIA Rare Earth Element (Lanthanider)

To isotoper af gadolinium er blandt de mest potente absorbere neutroner. Selvom deres
knaphed grænser bruge, bliver de brugt i gøre styrestænger til atomreaktorer . Det er
ferromagnetisk betyder, at det er meget stærkt tiltrukket af magneter. Men dens Curie-
punktet , den temperatur, ved hvilken magnetisk materiale mister sin magnetisme er
cirka stuetemperatur. Det er blevet bevist af værdi i en teknik sondering indre af
metaller kaldes neutronradiografi . Det anvendes i luftfarts-og skibsbygning industrier for
at søge efter skjulte fejl og strukturelle svagheder i skrog og skrog .

terbium
Atomic nummer : 65
Kemisk symbol: Tb
Gruppe III B Rare Earth Element (Lanthanider)

I en ren metallisk form , terbium er et sølvhvide , plastisk , sejt og blødt nok til at blive
skåret med en kniv. Det bærer en lighed til at lede , men det er meget tungere. Ligesom
bly er forholdsvis modstandsdygtige over for korrosion . Forbindelser af terbium have ,
grundlagde anvendelser i specielle lasere og da fosfor , der producerer den grønne
farve i tv rør og computerskærme. Andre anvendelsesområder omfatter fremstilling af
legeringer med særlige magnetiske egenskaber til anvendelse i cd'er og i fremstilling af
high definition røntgen skærme.

dysprosium
Atomic nummer : 66
Kemisk symbol: Dy
Gruppe III B Rare Earth Element (Lanthanider)

Dysprosium rangerer niende i overflod blandt de sjældne jordarters elementer i jordskorpen . Det blev opdaget i 1886 af den franske kemiker Paul- Emile Lecoq de Boisbaudran i en prøve af erbium oxid. Han baserede sit navn på det græske ord dysprositos hvilket betyder svært at få på . Pure dysprosium ikke var tilgængelige indtil 1950, da moderne kemiske teknikker , såsom separation ved ionbytning blev udviklet. Dysprosium ligner de fleste af de andre sjældne jordarters metaller. Det er blødt nok til at blive skåret med en kniv , har en skinnende sølvfarve og er relativt stabilt i luften .

Holmium
Atomic nummer : 67
Kemisk symbol: Ho
Gruppe III B Rare Earth Element (Lanthanider)

I 1878 to schweiziske forskere bemærket holmium karakteristiske spektrallinjer , men kunne ikke identificere dem. De kaldte den ukendte kilde til den spektrale linjer element X. Snart efter i 1879 svenske kemiker Per Teodor Cleve isoleret og identificeret det element , mens du arbejder med et mineral kaldet erbia . Pure metallisk holmium som ikke var tilgængelige indtil for ganske nylig har en lys sølvskinnende farve. Det er temmelig korrosionsbestandig i tør luft, men skæmmer hurtigt i fugtig luft danner en gullig oxid. Andre end dens anvendelse som en farve til glas , har det nogle kommercielle applikationer.

erbium
Atomic nummer : 68
Kemisk symbol: Er
Gruppe III B Rare Earth Element

Erbium blev opdaget af Carl Gustaf Mosander i en gul oxid , at han isoleret fra mineral yttria . Mosander navngivet element for den svenske landsby Ytterby stedet for store koncentrationer af yttria og erbium . De væsentligste kilder til erbium er mineralerne xenotime og euxerite . Erbium samt andre sjældne jordarter er faktisk en urenhed i disse malme. De kommercielle anvendelser af erbium er temmelig begrænset . Dets oxider tilsættes ofte til glas og emalje glasurer at farve dem pink . Glasset er ofte brugt til solbriller og billige smykker.

thulium
Atomic nummer : 69
Kemisk symbol: Tm
Gruppe IIIB Rare Earth Element (Lanthanider)

Thulium er en sjælden jordart , der er ekstremt knappe. Det sker i meget små mængder i selskab med andre sjældne jordarter. Den svenske kemiker Per Teodor Cleve opdagede element i 1879 og kaldte det for Thule , det gamle navn for Skandinavien.

Den vigtigste kilde til thulium er mineralet monazite , som består af cirka syv tusindedele af 1% thulium . Det har nogle kommercielle anvendelser bortset fra at blive anvendt i lasere. Det er dyrt , men meget lidt af metallet er til rådighed for eksperimenter.

ytterbium
Atomic nummer : 70
Kemisk symbol: Yb
Gruppe III B Rare Earth Element (Lanthanider)

Ytterbium er det første sjældne element at blive opdaget findes i beskeden overflod i jordskorpen og altid i selskab med sjældne jordarter. Det blev opdaget af den franske kemiker Jean de Marignac i 1878 som en komponent af mineralet kendt som erbia og opkaldt efter den svenske landsby Ytterby på grundlag af sine høje koncentrationer af erbium . Pure ytterbium metal var ikke tilgængelig for undersøgelse indtil 1953. Dets kommercielle anvendelser er som en legering agent med rustfrit stål. Visse legeringer er også blevet anvendt i tandplejen.

lutetium
Atomic nummer : 71
Kemisk symbol: Lu
Gruppe III B Rare Earth Element (Lanthanider)

Selvom han aldrig formelt offentliggjort sine resultater , er den amerikanske kemiker Charles James nu anses for at have opdaget lutetium i 1907. Arbejde i begyndelsen af 1900 på University of New Hampshire , James blev en stor kraft i produktionen af sjældne jordarter . Han og hans elever ville behandle tons malm og arbejdskraft gennem krystalliseringer til at producere en enkelt prøve. Pure lutetium metal er vanskeligt og dyrt at forberede. Det er det hårdeste og tungeste sjældne jordart . Ingen kommercielle applikationer er blevet udviklet.

hafnium
Atomic nummer : 72
Kemisk symbol: Hf
Gruppe IV B overgangselement

Hafnium egenskaber samt dens historie er tæt knyttet til zirkonium. Mange havde forudsagt eksistensen af element 72, men allestedsnærværelse dets kemiske tvilling forstyrret sin identifikation. Den primære anvendelse af hafnium er baseret på en af de få forskelle fra zirkonium. Dens evne til at absorbere termiske neutroner gør det til et nyttigt materiale til reaktor styrestænger . De væsentligste fordele ved hafnium i forhold til andre stang materialer er dens styrke og korrosionsbestandighed. Desværre i en temmelig stor reaktor omkostningerne hafnium stænger kan være millioner dollars eller mere.

TANTALUM
Atomic nummer : 73
Kemisk symbol: Ta
Gruppe VB Transition Element

Tantal er et ekstremt hårdt og meget tungt metal. Dens kemiske træghed gør tantal meget modstandsdygtigt over for angreb fra stoffer i den menneskelige krop . Dette har ført til et væld af applikationer i dental og medicinsk kirurgi. Tantal som en legering agent bidrager korrosionsbestandighed , sejhed , hårdhed og et højt smeltepunkt til en række andre metaller. Endnu en anden stor brug af tantal er i konstruktionen af små , men kraftfulde elektrolytkondensatorer. Disse kondensatorer er specielt nyttigt i miniature elektroniske kredsløb , der ligger i hjertet af sådanne anordninger som mobiltelefoner og computere.

TUNGSTEN
Atomic nummer : 74
Kemisk symbol: W
Gruppe VIB Transition Element

En af de vigtigste anvendelser af wolfram er til fremstilling af filamenter til fælles pære. Wolfram har det højeste smeltepunkt -3410 grader C og højeste kogepunkt 5900 grader C - for enhver metal. De høje temperaturer af wolfram spænder fra varmelegemer i elektriske varmeapparater til dyserne på raketmotorer af rumfartøjer. Elektricitet , der strømmer gennem en sammenrullet ledning af wolfram producerer nok varme til at gøre ledningen hvidglødende . For at forhindre metal fra overophedning inerte gasser , såsom nitrogen og argon er indesluttet i pæren indeholder et wolframfilament .

rhenium
Atomic nummer: 75
Kemisk symbol : Re
Gruppe VIIB Transition Element

Rhenium en af de sjældneste elementer blev opdaget i platin malme af tyske kemikere Ida Tacke , Walter Nodack og Otto Carl Berg i 1925. Det er en yderst tæt metal med en sølvgrå glans og et smeltepunkt kun overgås af wolfram og kulstof. Dette er grundlaget for rhenium brug i kombination med wolfram at termoelementer til måling af temperaturer så høje som 2000 ° C. Rhenium er først og fremmest anvendes som legeringselement middel til fremstilling af metaller, der er modstandsdygtige over for slid , såsom dem, der kræves til elektrisk skiftekontakter og elektroder .

osmium

Atomic nummer : 76
Kemisk symbol : Os
Gruppe VIIIB Transition Element

Fordi rene metal er vanskeligt at gøre , er osmium ofte fremstillet som et pulver , som derefter formes til fast masse ved opvarmning. Pulveret oxideres i luft og langsomt udsendes som en stærkt lugtende giftig gas kan forårsage lunge-og hudskader . Emissionen af dens giftige oxid gas gør brug af osmium metal upraktisk . Som en legeringselementer additiv men det er helt sikkert og er først og fremmest bruges til at lave hårde legeringer med sådanne metaller som platin og iridium . Disse legeringer bruges til elektrisk skiftekontakter , fonograf nåle og fyldepen tips.

IRIDIUM
Atomic nummer : 77
Kemisk symbol: Ir
Gruppe VIII B overgangselement

Iridium er en skør gullig hvid ædelmetal. Det er generelt fundet i malme, som indeholder platin eller nikkel. Adskille det fra disse malme er en møjsommelig og bekostelig opgave, som kun er berettiget ved samtidig inddrivelse af platin og nikkel. Den vigtigste anvendelse af iridium er som et additiv til platin skabe legeringer , der øger hårdheden af det sidstnævnte metal. Iridiums korrosionsbestandighed gør det også nyttigt ved fremstillingen af emner , som kræver absolut renhed , såsom kanyler og raketmotorer .

PLATINUM
Atomic nummer : 78
Kemisk symbol: Pt
Gruppe VIII B Transition Element (Precious Metal)

Mange anvendelser af platin drage fordel af dets kemiske stabilitet og trægned . Det bruges i olieraffinering , tandpleje, den keramiske industri , elektriske og elektroniske industrier , og er højt værdsat i fremstillingen af smykker . Platin er også nyttigt at bilindustrien. Det hjælper kemiske reaktioner , der renser op udstødning kommer fra motorerne af biler , konvertere kulilte og uforbrændt brændstof ind i vand og kuldioxid . Derudover en bar iridium - platin legering fungerer som verdens standard for kilogram, den grundlæggende enhed for masse i det metriske system .

GOLD
Atomic nummer : 79
Kemisk symbol: Au
Gruppe IB Transition Element (Precious Metal)

Guld handles i varebørser og udsvingene i prisen betragtes som et indeks for sundhed i økonomien. Det er den mest sejt og formbart af alle metaller . Fordi det er også en af de mest ikke-reaktivt , kan det opretholde sin strålende glans. I naturen guld er normalt findes som et rent metal , ofte som klumper eller flager . Dens renhed måles som karat. Rent guld siges at være 24 karat guld . Fordi det er meget blødt , er imidlertid de fleste guld smykker lavet af 18 karat guld.

MERCURY
Atomic nummer : 80
Kemisk symbol: Hg
Gruppe II B Transition Element

Kviksølv er det eneste metal, som er flydende ved stuetemperatur og er stadig en væske over et meget bredt og praktisk temperaturområde. Nogle almindelige husholdningsprodukter , der indeholder kviksølv termometre , barometre, termostater , tavse vægkontakter og lysstofrør . Industrielle anvendelser af kviksølv omfatter diffusion pumper og kviksølvdamplamper , der genererer de blålige hvide lys fra vejbelysning . En anden nyttig egenskab af kviksølv er dets evne til at opløse andre metaller til dannelse af legeringer kendt som amalgamer. Tandlæger bruger ofte sølv - kviksølv amalgam til at fylde tænderne.

thallium
Atomic nummer : 81
Kemisk symbol: Tl
Gruppe III A Post- Transition Metal

En fælles kilde til thallium er zink og bly raffinering. Denne formbart og heavy metal er meget aktive og langsomt tærer i luften. Thallium og dets forbindelser er ekstremt giftigt , og der er beviser for, at det kan fremkalde kræft. Selv i kontakt med huden, kan være farlige, selv i ekstremt lave koncentrationer thallium er blevet anvendt i behandlingen af ringworms . Thallium sulfat er en lugtfri og smagløs gift, der tidligere blev brugt til at dræbe rotter og insekter, men det er nu blevet forbudt i flere lande .

LEAD
Atomic nummer : 82
Kemisk symbol: Pb
Gruppe IV A

Bly er et meget formbart metal , der let kan arbejdet på at gøre redskaber af alle slags. Bly mønter og skulptur er blevet fundet i ægyptiske grave helt tilbage til 5000 f.Kr. . Det er i høj grad bruges til at lave elektroder af bly akkumulatorer . Bly er også en vigtig bestanddel af loddetin anvendes til fremstilling af elektriske forbindelser på printkort i computere og tv-apparater. Glasskærme af tv -apparater indeholder bly til at beskytte seerne mod stråling . Faktisk hver tv indeholder næsten et halvt pund af bly.

bismuth
Atomic nummer : 83
Kemisk symbol: Bi
Gruppe VA Indlæg overgangsmetal

Bismuth er et hvidt skørt metal, der har en let gulligt skær . Forbindelsen bismuthsubnitrat har været anvendt som et syreneutraliserende i behandlingen af mavesår. Bismuthoxid er en populær gult pigment anvendes i kosmetik . Ligesom vand bismuth er et af de få stoffer, der udvider sig, når det skifter fra flydende til fast . Denne egenskab bruges til at gøre legeringer , hvis volumen forbliver konstant , når de størkner . Metaller legeret med bismuth kan anvendes til afstøbninger og forme , der bevarer deres præcise dimensioner , selv når den er fyldt med smeltet metal .

polonium
Atomic nummer : 84
Kemisk symbol: Po
Gruppe VI A Metalloid

Opdagelsen af polonium af Marie og Pierre Curie i 1898 definerer en af de store øjeblikke i videnskabens historie , der fører til det moderne begreb om atomkernen og en forståelse af dens struktur. Polonium har 27 kendte isotoper og alle af dem er radioaktive. Den ene mest tilgængelige er polonium 210 , en sølvskinnende halvmetal, som er ret svingende og 100.000 gange mere giftige end cyanid . I radiologiske laboratorier isotopen blandet med pulveriseret beryllium bruges ofte til at producere store mængder af neutroner uden brug af atomreaktor .

astatine
Atomic nummer : 85
Kemisk symbol: At
Gruppe VII A Halogener

Små mængder astatin findes naturligt som henfaldsprodukterne af uran og thorium . Astatine blev først produceret i 1940 af et team af radiochemists ved at bombardere bismuth med alfa -partikler . Kun omkring 1 milliontedel af et gram astatin faktisk er produceret kunstigt , og det er derfor ikke overraskende, at lidt er kendt om dens egenskaber. Dens kemi skal være nogenlunde svarer til jod , selvom der er nogle beviser for , at det kan være lidt mere metallisk .

RADON

Atomic nummer : 86
Kemisk symbol: Rn
Gruppe VIII A ædelgasser

Radon er produceret som et af de biprodukter fra radioaktivt henfald af uran og thorium . Radon -222 , er dens længste levetid isotop fundet i væsentlige koncentrationer sa gas i jorden , fordi spormængder af uran er til stede i Jordens skorpe . Mens den vokser , tobak er udsat for forurening med radon fra jorden og uran rige fosfatgødninger brugt af plantageejere . Når tobak i en cigaret er brændt, den inhalerede røgen udsætter rygeren til niveauer af stråling 1000 gange højere end dem, der optræder med en arbejdstager i et atomkraftværk.

francium
Atomic nummer : 87
Kemisk symbol: Fr
Gruppe I A alkalimetaller

Francium er den tungeste af alkalimetaller og en af de mest ustabile kendte . Alle dens isotoper er radioaktive endnu engang sin længste levetid isotop francium -223 har en halveringstid på kun 21 minutter. Af sine 30 kendte isotoper , kun eksisterer francium 223 i naturen . Alle de andre isotoper af francium produceres kunstigt i acceleratorer og kernereaktorer og er for ustabil til at blive undersøgt i dybden . Elementet blev opdaget i 1939 af Marguerite Perey arbejder på Curie Instituttet i Paris. Det er opkaldt efter det land, hvor det blev opdaget .

RADIUM
Atomic nummer : 88
Kemisk symbol: Ra
Gruppe II A- jordalkalimetallerne

Radium blev opdaget af Marie og Pierre Curie i 1898. For opdagelsen af radium og polonium , blev Marie Curie Nobelprisen i kemi. Det var hendes anden , hun havde delt den første med sin mand og Henri Becquerel i 1903 for opdagelsen af radioaktivitet. Pure radium metal har en strålende hvid farve og er så selvlysende , at det lyser i mørket afgiver en svag blå farve. Radium bruges i mange medicinske faciliteter til at generere radioaktiv gas radon , som anvendes til kræftbehandling.

actinium
Atomic nummer : 89
Kemisk symbol: Ac
Gruppe III B Transition Element (actiniderne)

Actinium er et radioaktivt element produceres naturligt af det radioaktive henfald af langlivet elementer radium og thorium . Er blevet produceret meget små mængder af det kunstigt , og det har en meget begrænset kommerciel anvendelse. Dens kemiske egenskaber ligner dem af lanthan . Også gerne lanthan, det er den første i en række elementer kaldet actiniderne som er analoge med lanthanider . Ligesom de sjældne jordarter , disse elementer tilføje elektroner til en indre orbital skal og lignende fysiske og kemiske egenskaber.

THORIUM
Atomic nummer : 90
Kemisk symbol: Th
Gruppe IIIB Transition Element (actiniderne)

Thorium er et radioaktivt sølvhvide metal, der skæmmer meget langsomt , når de udsættes for luft. Monazit sand , hvoraf nogle findes i Florida strande kan indeholde op til 10 % thorium . På trods af sin radioaktivitet , thorium og dets forbindelser har flere kommercielle applikationer. Det tjener som en effektiv emitter af elektroner til elektroniske enheder. Det strålende lys , at dets oxid udsender mens afbrænding gør det også nyttigt i opdigte visse bærbare gaslamper . Thorium 232 , en isotop med en halveringstid på 14 mia år viser store løfte om at blive en kilde til atomkraft i fremtiden.

protactinium
Atomic nummer : 91
Kemisk symbol: Pa
Gruppe III B Transition Element (actiniderne)

Det er en af de scarcest og dyreste af alle naturligt forekommende elementer. Kun et par hundrede gram er til rådighed for undersøgelsen. Denne beskedne beløb blev stort set produceret i England omkring 30 år siden , hvor det blev udvundet 60 tons malm til en pris på en halv million dollars. Ikke meget er kendt om dets fysiske og kemiske egenskaber. Det er en sølv hvid metal med en lys glans, mister meget langsomt i luft gennem oxidation. Det er også kendt for at være meget giftige.

URAN
Atomic nummer : 92
Kemisk symbol : U
Gruppe III B Transition Element (actiniderne)

Uran er den sidste og den tungeste af de naturligt forekommende elementer. Opdaget i 1841 , var det den første radioaktive grundstof, der skal identificeres. I slutningen af 1930'erne gennem eksperimenter med uran tyske videnskabsfolk Lise Meitner og Otto Hahn observeret en proces, der senere blev anerkendt for at være en nuklear fission . Evnen af neutroner frigives under fission af uran kerne til sig selv opdele andre uran kerner blev hurtigt udnyttet af forskerne til at skabe en selvbærende kædereaktion. Når kontrolleret , denne reaktion producerer den energi, vi får fra atomreaktorer . Når ukontrolleret det kan skabe en atomar eksplosion .

neptunium
Atomic nummer : 93
Kemisk symbol: Np
Gruppe III B Transition Element (actiniderne)

Neptunium var den første kunstigt fremstillet Transuranium element . Arbejde på cyklotron på University of California i Berkeley i 1940, amerikanske fysikere Edwin McMillan og Philip Abelson produceret neptunium ved at bombardere uran med neutroner. Det er nu kendt , at spormængder af neptunium d faktisk eksisterer i naturen som følge af aktionerne neutroner i uran element . I øjeblikket er fremstillet 18 isotoper af neptunium dem alle radioactive.The vigtigste og det første, der producerede var neptunium 237 med en halveringstid på 2,1 millioner år.

PLUTONIUM
Atomic nummer : 94
Kemisk symbol: Pu
Gruppe III B Transition Element (actiniderne)

Plutonium 15 kendte isotoper dem alle radioaktive. Plutonium 239 er den vigtigste , fordi det let fissioner ved bombardering af termiske neutroner. Ligesom uran 235 kerner af dens atomer opdelt i to mellemliggende størrelse kerner (kaldet fission fragmenter) frigiver store mængder energi og producere flere neutroner for at opretholde en kædereaktion. Blandet med pulveriseret beryllium, er det en effektiv kilde til neutroner til videnskabeligt arbejde . Plutonium kan produceres i store mængder i atomreaktorer . Dens overflod har gjort det nummer et valg for atomvåben.

americium
Atomic nummer : 95
Kemisk symbol: Am
Gruppe III B Transition Element (actiniderne)

Det blev opdaget i 1944 af et team af kemikere under ledelse af Glenn Seaborg.His hold producerede americium -241 , en af de 14 kendte isotoper som alle er radioaktive. Americium 241 er lavet i store mængder i atomreaktorer . De intense gammastråler det udsender gør det meget nyttigt som en transportabel kilde til røntgenstråler. Det bruges også i røgalarmer .

Curium
Atomic nummer : 96

Kemisk symbol: Cm
Gruppe III B Transition Element (actiniderne)

Curium er en sølvagtig hvid metal, der er meget reaktiv. Den første af de 14 kendte isotoper at blive opdaget var Curium 242 . Curium 242 og curium 244 er blevet brugt som energi i fjerntliggende områder. Strålingen disse isotoper udsender kan omdannes til varme og så til elektricitet ved termoelektriske . Selv om det har en relativt kort halveringstid , udgangseffekten curium 242 er imponerende dvs. omkring to til tre watt per gram. Disse kompakte enheder er nyttige for pacemakere , remote navigations bøjer og rummissioner .

Berkelium
Atomic nummer ; 97
Kemisk symbol: Bk
Gruppe III B Transition Element (actiniderne)

Det blev opdaget ved UC Berkeley i 1949 af et team bestående af George Seaborg , Stanley Thompson og Albert Ghiorso og blev opkaldt efter byen. De syntetiserede det ved hjælp af en cyklotron til at bombardere en prøve af americium 241 med alfapartikler . Brug Berkelium 249 , var det muligt i 1962 at svarer til 3 milliardtedel af en gram Berkelium chlorid. Ingen kommercielle eller videnskabelige applikationer er endnu ikke udviklet .

californium
Atomic nummer ; 98
Kemisk symbol: Cf
Gruppe III B Transition Element (actiniderne)

Det blev opdaget af et hold af kemikere ved hjælp af en cyklotron til at bombardere curium 242 med alfapartikler . Den isotop californium 252 opkaldt efter staten Californien spontant udsender neutroner. Neutron kilder er lejlighedsvis svært at komme med . Enten en atomreaktor er påkrævet, eller nogle højradioaktivt udleder af alfapartikler såsom plutonium skal blandes med beryllium pulver. Opdagelsen af en ekstremt bærbare neutronkilde antyder kan nemt tages i felterne til analyse af olie bærende lag af jord eller til udvinding af guld og sølv mange anvendelsesmuligheder for californium 252.It .

Einsteinium
Atomic nummer : 99
Kemisk symbol: Es
Gruppe III B Transition Element (actiniderne)

Albert Ghiorso og hans medarbejdere opdagede dette element i 1952 , mens undersøge resterne af brintbomben eksplosion i Pacific. 16 isotoper er kendte, den mest stabile væsen Einsteinium 254 med en halveringstid på 252 dage . De fleste af disse isotoper er blevet produceret i High Flux Isotope Reactor på Oak Ridge National Laboratory i Tennessee ved at bestråle plutonium 239 med intense stråler af neutroner.

Fermium
Atomic number: 100
Kemisk symbol: Fm
Gruppe III B Transition Element (actiniderne)

Ligesom Einsteinium blev Fermium identificeret i 1952 af Ghiorso og medarbejdere i resterne af brintbomben eksplosion i Stillehavet. Isotoper af Fermium opkaldt efter Enrico Fermi normalt syntetiseres ved at underkaste elementer såsom uran og plutonium intens neutron bombardement. I en neutron rigt miljø , kan et element , såsom uran gennemgå successiv neutronindfangning ofte absorbere så mange som 16-17 neutroner til at producere de tunge transuraner .

mendelevium
Atomic number: 101
Kemisk symbol: Md
Gruppe III B Transition Element (actiniderne)

Den niende kunstige Transuranium element opkaldt efter Dmitri Mendeleyev blev opdaget i 1955 af en gruppe forskere under Albert Ghiorso . Fortsætter deres søgen efter stadigt tungere grundstoffer holdet brugte cyklotron på Berkeley at bombardere Einsteinium 253 med alfapartikler (heliumkerner) og til sidst fabrikeret mendelevium 256 . De små mængder gjort sin identifikation meget vanskelig . Det er ofte sagt, at dette element blev syntetiseret en atom ad gangen. Der er kun foretaget spormængder af mendelevium isotoper og lidt er kendt af deres kemi.

nobelium
Atomic number: 102
Kemisk symbol: Nej
Gruppe III B Transition Element (actiniderne)

Ved oprettelsen nobelium 254 Ghiorso og hans kolleger bombarderet en prøve af Curium 246 med kulstof 12 -ioner ved hjælp af Heavy Ion Linear Accelerator . 11 isotoper er hidtil blevet syntetiseret og alle er radioaktive. Nobelium 259 er den længste levet med en halveringstid på 57 minutter . Opkaldt efter Alfred Nobel, er det blevet produceret i mængder store nok til at tillade undersøgelse af kemiske og fysiske egenskaber .

Lawrencium
Atomic number: 103
Kemisk symbol: Lr
Gruppe III B (actiniderne)

Fortsætter deres forbløffende række af opdagelser , Berkeley forskere syntetiseret og isoleret Lawrencium i 1961 ved at bombardere en blanding af 3 isotoper af californium med bor 10 og bor 11 ioner ved hjælp af Heavy Ion Linear Accelerator . Målet vejede kun et par milliontedel af et gram endnu holdet formået at fremstille Lawrencium 258 med en halveringstid på 4 sekunder. Det blev opkaldt til ære for Ernest O.Lawrence , opfinderen af cyklotron .

Rutherfordium
Atomic number: 104
Kemisk symbol: Rf
Gruppe IV B A Transactinide

En historie om konkurrerende krav forvirret navngivningen af element 104 . Holdet fra Berkeley samt en gruppe fra Rusland hævdede æren for element 104 . Den amerikanske påstand vandt dagen. Det er opkaldt efter den newzealænderen Ernest Rutherford !

Dubnium
Atomic number: 105
Kemisk symbol: Db
Gruppe VB A Transactinide .

Bestridte krav for dens opdagelse har plaget element 105. . I 1970 Ghiorso og hans team på Berkeley bombarderet californium 249 med tunge kvælstof 15 ioner og positivt identificeret det element , som de er opkaldt efter Otto Hahn og fået godkendelse fra American Chemical Society. I 1997 IUPAC besluttede dog t ændre navnet til Dubnium . Dens kemiske og fysiske egenskaber er ukendte.

Seaborgium
Atomic number: 106
Kemisk symbol: Sg
Gruppe VI B A Transactinide

Ligesom de to andre anfægtede forhold , påstanden om opdagelsen af element 106 sammen med retten til at navngive det var genstand for tvisten. I 1974 , et russisk hold erklærede, at de havde produceret unnilhexium . Fordi eksperimenter undladt at bekræfte deres resultat , var deres påstand i tvivl. Omtrent på samme tid , forskere ved

Berkeley rapporteret opdagelsen af unnilhexium 263 efter bombardere californium 249 med oxygen 18 . I 1993 forskere ved Lawrence Livermore og Berkeley Laboratories gentog eksperimentet og bekræftede resultatet. Det blev opkaldt til ære for Glenn Seaborg .

BOHRIUM
Atomic number: 107
Kemisk symbol: Bh
Gruppe VII B A Transactinide

I 1981 var oprettelsen af unnilseptium annonceret af fysikere , der arbejder i Darmstadt, Tyskland på GSI . Holdet foreslog navnet nielsbohrium efter Neils Bohr . Deres forskning krav blev bekræftet i 1992 af IUPAC . I 1997 ændrede de navn til bohrium .

Hassium
Atomic number: 108
Kemisk symbol: Hs
Gruppe VIII B A Transactinide

I 1984 et team ledet af Peter Ambruster og Gottfried Munzenberg annonceret opdagelsen af unniloctium , element 108. . Det var det samme hold , som havde syntetiseret bohrium . Det navn, de foreslog var Hassium efter haasia det latinske navn for den tyske stat Hesse. Bekræftede IUPAC I 1992 resultaterne og navnet. De kemiske og fysiske egenskaber er ukendte.

MEITNERIUM
Atomic number: 109
Kemisk symbol: Mt
Gruppe VIII B A Transactinide

I 1982 Darmstadt holdet annonceret opdagelsen af element 109 ved at bombardere bismuth 209 med høj energi jern 58 ioner. Hvor utroligt det end kan synes kun 3 atomer blev skabt , og de forfaldt i løbet af 3,4 tusindedel af et sekund . De foreslog at navngive den efter Lise Meitner , der næve havde beskrevet kernespaltning sammen med Otto Hahn.

UNUNNILIUM
Atomic number: 110
Kemisk symbol ; Uun
Gruppe VIII B A Transactinide

Efter næsten 10 år internationale forskere, der arbejder på GSI i Tyskland med succes skabt fire eller fem atomer af et nyt element 110 . Ved hjælp af en stor accelerator til at køre nikkel atomer til høje hastigheder , de bombarderet en tynd folie af bly med disse hurtig bevægelse atomer af nikkel. Det nye element hurtigt bryder ud og henfalder til lettere atomer. Den blev opdaget af de 4 alfapartikler det udsender i løbet af sin henfaldsproces .

UNUNUNIUM
Atomic number: 111
Kemisk symbol: Uuu
Gruppe IB A Transactinide

De kemiske egenskaber af element 111 er ikke kendt. Som det ligger i samme kolonne som guld og sølv er det formentlig et metal. Efter at være steget nikkel atomer til høje hastigheder tyske forskere bombarderet bismuth med disse hurtig bevægelse nikkel atomer. Identifikationen af dette element er betydelig, da det understøtter teorien om, at der findes en "ø af stabilitet " for elementer tæt på element 114. . Elementet har en halveringstid omkring 8 gange større end ununnilium .

UNUNBIIUM
Atomic number: 112
Kemisk symbol: Uub
Gruppe II B A Transactinide

I februar 9,1996 GSI i Tyskland annoncerede oprettelsen af element 112 al kredit til internationalt team under Peter Ambruster . De havde bombarderet zink atomer, som var blevet accelereret til høje hastigheder med hurtig bevægelse kugler af bly . Under kollisionen lykkedes en zink atom til at fusionere med den ledende atom.

Ununquadium
Atomic number: 114
Kemisk symbol: Uuq
Gruppe IB A Transcatinide

I 1999 et team af forskere på Joint Institute for Nuclear Research i Rusland annoncerede oprettelsen af en ny ultra- heavy metal. Holdet udnyttede en cyklotron til at bombardere plutonium 244 med en stråle af calcium 48 kerner. Efter nogle 40 dage bombardement , en calcium kerne med 20 protoner sammensmeltet med plutonium kerne med 94 protoner producerer et element med 114 protoner. Selvom ustabil overlevede relativt lang tid .

Viljen til at finde naturens skjulte svar er ikke blevet mindre . Den søgen tilbage for den stadigt fortsatte søgen efter nye supertunge elementer. Drivkraften bag denne indsats er søgen efter viden, der vil indlede en rig ny fagområde af de nukleare og kemiske egenskaber af elementerne.

Der er også en mere utilitaristisk motivation for søgningen af elementer, der udgør øen stabilitet. Mange forskere mener for eksempel, at disse nye elementer vil danne usædvanlige materialer med eksotiske egenskaber aldrig før set . Svarene der søges i denne indsats er af fundamental betydning for vores forståelse af universet .

www.ingramcontent.com/pod-product-compliance
Lightning Source LLC
Chambersburg PA
CBHW070726180526
45167CB00004B/1637